SIX SIGMA

Guía Rápida Paso A Paso Para Mejorar La Calidad y Eliminar Defectos En Cualquier Proceso

⚓Copyright 2018 Harry Altman - Todos los derechos reservados.

Si desea compartir este libro con otra persona, compre una copia adicional para cada destinatario. Gracias por respetar el arduo trabajo de este autor. De lo contrario, la transmisión, duplicación o reproducción de cualquiera de los siguientes trabajos, incluida la información específica, se considerará un acto ilegal, independientemente de si se realiza en forma electrónica o impresa. Esto se extiende a la creación de una copia secundaria o terciaria del trabajo o una copia grabada, que solo se permite con el consentimiento expreso por escrito del Editor. Todos los derechos adicionales reservados.

TABLA DE CONTENIDOS

INTRODUCCIÓN 5

CAPÍTULO 1: SIX SIGMA 7

CAPÍTULO 2: ¿QUÉ ES SIX SIGMA? 12

CAPÍTULO 3: ¿POR QUÉ SIX SIGMA? 22

CAPÍTULO 4: LA IMPORTANCIA DE LA CERTIFICACIÓN SIX SIGMA 31

CAPÍTULO 5: MITOS DE SIX SIGMA DESMENTIDOS 41

CAPÍTULO 6: DESPLIEGUE DE SIX SIGMA 47

CAPÍTULO 7: MANEJANDO EQUIPOS SIX SIGMA 51

CAPÍTULO 8: BENEFICIOS DE IMPLEMENTAR SIX SIGMA EN LAS EMPRESAS 55

CAPÍTULO 9: USANDO SIX SIGMA EN VENTAS 58

CAPÍTULO 10: ÉXITO DE SIX SIGMA; CÓMO SUPERAR LAS BARRERAS ¿EN SU NEGOCIO? 63

CAPÍTULO 11: HERRAMIENTAS DE SOFTWARE PARA SIX SIGMA 71

CONCLUSIÓN 79

INTRODUCCIÓN

La perspectiva del consumidor ha experimentado cambios considerables debido a la globalización de los negocios y los paradigmas revolucionarios de intercambio de información. Las cambiantes condiciones comerciales creadas por la oleada de competencia creciente han llevado a la disminución de los márgenes de error.

Superar los niveles de expectativa de los clientes asume la posición central en la era actual y futura de los negocios. Es por esta razón que Six Sigma ha asumido una importancia crítica en el entorno empresarial actual.

Six Sigma es un enfoque de gestión de calidad bidireccional para lograr cero errores eliminando los defectos del proceso para productos existentes y diseñando un flujo de proceso verificado para nuevos productos. Desde el punto de vista del consumidor, Six Sigma es un proceso altamente disciplinado que permite que las entregas de productos y servicios sean casi perfectas.

El término Six Sigma significa el punto de referencia estadística para la garantía de calidad. Sigma es la desviación estándar (cifra permitida y estandarizada del nivel medio de aceptación), y cuando el número medido de desviaciones más allá del límite de tolerancia promedio es de seis, usted apenas produce productos de calidad.

En pocas palabras, esto significa que si encontró seis defectos en sus productos, está muy cerca de una producción de mala calidad.

CAPÍTULO 1: SIX SIGMA

Six Sigma es una estrategia de gestión empresarial originalmente desarrollada por Motorola, USA en 1986.

Y la mayoría de los profesionales novatos de calidad le dirán que Six Sigma solo significa que tiene permitido 3.4 defectos por millón de ítems procesados, atendidos o producidos y nada más. De hecho, hay algunas empresas que no procesarán un millón de ítems a lo largo de 15 años de servicio, si no más, para poder juzgar si cumple o no con el concepto Six Sigma.

El concepto central de Six Sigma es la palabra Defectos. No está restringido a fabricación o construcción. Entonces, mientras haya defectos, "Six Sigma" también estará allí. "Six Sigma" busca mejorar la calidad de los resultados del proceso identificando y eliminando las causas de los defectos (errores) y minimizando la variabilidad en los procesos de fabricación y de negocios.

La varianza es un factor importante para remediar los defectos; los errores consistentes son más fáciles de reparar, mientras que los errores esporádicos son demasiado difíciles de manejar. Una forma divertida de entender este concepto se puede explicar de la siguiente manera; supongamos que su jefe llega al trabajo 10 minutos tarde todos los días, de modo que él debería estar en su oficina a las 08:30 pero aparece siempre a las 08:40, así que si usted llega a su oficina a las 08:35, entonces, él no se dará cuenta de que usted llega tarde.

Por otro lado, si su jefe viene a veces a las 08:20, otras veces a las 09:00 y en una tercera ocasión a las 08:00, entonces no hay herramientas de calidad que puedan manejar este tipo de "Errores" del jefe.

DMAIC es el acrónimo más común utilizado en "Six Sigma". Significa Definir, Medir, Analizar, Mejorar y Controlar. Definir significa cuáles son los requisitos del cliente. Medir se preocupa por "qué tan grande" es el problema que se aborda. Analizar se encarga del análisis de la causa raíz de los defectos.

Mejorar consiste en mejorar aspectos positivos en cualquier proceso y encontrar soluciones para los "Defectos". Finalmente, controlar se ocupa de desarrollar procedimientos para trabajar, y de controlar y revisar esos procedimientos periódicamente.

SIX SIGMA VS GESTIÓN DE PROYECTOS

El conocimiento es acumulativo y está construido uno sobre el otro. Entonces, lo que es bueno y exitoso en Six Sigma puede usarse – hasta cierto punto – y aplicarse en la gestión de proyectos o viceversa. Aquí se muestra cómo pueden interactuar los cambios:

1. Básicamente, PMBOK y Six Sigma buscan establecer un plan sólido; comunicarse con las partes interesadas; y administrar el cronograma, el costo y los recursos.

2. Ambas disciplinas buscan reducir fallas, prevenir defectos; controlar los costos y horarios a través de la medición con respecto al rendimiento de referencia de sus procesos, y determinar las causas de las variaciones para que puedan mejorar sus procesos y alcanzar y superar los niveles de rendimiento deseados.

3. Ambas disciplinas aseguran un compromiso prolongado de la alta gerencia y los trabajadores de línea, y ambas se implementan en su totalidad y no solo por partes y piezas.

4. Six Sigma ayuda a los gerentes de proyecto a reunir datos, analizando y evaluando procesos a través de evaluaciones cuantitativas. La mayoría de las personas le tiene miedo a los números y a sus significados, pero a la larga, los objetivos cuantitativos son más fáciles de trabajar para lograrlos que los objetivos cualitativos.

5. Mientras que la administración de proyectos entra en un proyecto sin saber completamente cuáles pueden ser las ganancias financieras, el "Six Sigma" se basa en datos duros y puede decirle exactamente qué porcentaje de crecimiento alcanzará y qué defectos reducirá.

La idea es que si integramos esto en el plan de gestión del proyecto, definitivamente reduciremos una cantidad considerable de riesgos desconocidos.

DEBATE SOBRE SIX SIGMA

No hay nadie que haya formulado una fórmula o hipótesis que funcione todo el tiempo para todos. Entonces, incluso con las mejores ideas implementadas en el negocio, encontrará en algún lugar a algunas personas que defienden que tienen mejores teorías y soluciones; esta es la naturaleza humana básica que nunca cambiará. De todos modos aquí hay algunos puntos de debate sobre "Six Sigma".

1. Muchas personas creen que la mejora de la eficiencia puede incluso no conducir a una mejora de las ganancias y que la reducción de los residuos puede costar más que simplemente tener el desperdicio.

2. Algunos también afirman que el costo de tratar de lograr "Six Sigma" es más que el retorno esperado.

3. Muchas personas creen que aplicar "Six Sigma" y sus herramientas y procesos asociados en sí es difícil, es decir, si aplicas "Six Sigma" en una construcción o proyectos de TI, pasarás más tiempo aplicando las herramientas de "Six Sigma" que haciendo el trabajo que tienes que hacer para su proyecto.

4. Una desventaja que se ha visto y notado es que a "Six Sigma" no le va tan bien cuando los empleados no tienen una aceptación general en todos los niveles. Pero esto se puede ver en todas partes en la vida y no solo en las empresas.

5. Dado que "Six Sigma" depende en gran medida de los datos recopilados, y si la calidad o la cantidad de datos recopilados es insuficiente o inexacta, la aplicación de "Six Sigma" no ayudará mucho a la promoción del negocio.

6. Los errores en "Six Sigma" o los errores estadísticos han estado bajo un gran debate. ¿El error estadístico es realmente un error? Una equivocación o un evento fuera de control no siempre significa que sea un error. De nuevo, esto se relaciona con la calidad de los datos recopilados y las herramientas apropiadas utilizadas.

7. Otros dicen que "Six Sigma" es simplemente un esquema de mejora de la calidad complicado y con exceso de trabajo, y puede obtener los mismos resultados con menos esfuerzos y gastos.

8. "Six Sigma" se concentra en asegurar el seguimiento de procesos burocráticos rígidos y estructurados que limitan la creatividad y el pensamiento fuera de la caja.

CAPÍTULO 2: ¿QUÉ ES SIX SIGMA?

Los conceptos que rodean el camino a la calidad Six Sigma son esencialmente los de estadísticas y probabilidad.

En un lenguaje simple, estos conceptos se reducen a "¿Qué tan seguro puedo estar de que realmente suceda lo que planee que va a suceder?" Básicamente, el concepto de Six Sigma trata de medir y mejorar cuán cerca estamos de cumplir con lo que planeamos hacer.

Todo lo que hacemos varía del plan, aunque sea levemente. Dado que ningún resultado puede coincidir exactamente con nuestra intención, generalmente pensamos en términos de niveles de aceptabilidad para lo que planeamos hacer.

Esos rangos de aceptabilidad (o límites de tolerancia) responden al uso previsto del producto de nuestras labores: las necesidades y expectativas del cliente.

LA CALIDAD NOS HACE FUERTES

En el pasado, la sabiduría convencional decía que los altos niveles de calidad costaban más a largo plazo que la peor calidad, elevando el precio que tenía que pedir para su producto y haciéndolo menos competitivo. Se pensó que equilibrar la calidad con el costo era la clave de la supervivencia económica. El sorprendente descubrimiento de las compañías que inicialmente desarrollaron Six Sigma, o clase mundial, es que la mejor calidad no cuesta más. En realidad, cuesta menos. La razón de esto es algo llamado costo de calidad.

El costo-de-calidad es en realidad el costo de desviarse del pago de calidad por cosas como reelaboración, chatarra y reclamaciones de garantía. Hacer las cosas bien desde el primer momento, si bien se necesita más esfuerzo para llegar a ese nivel de rendimiento, en realidad cuesta mucho menos que crear y luego encontrar y detectar defectos.

LOS PASOS EN EL CAMINO HACIA LA CALIDAD SIX SIGMA:

1. Medición

La calidad Six Sigma significa alcanzar un estándar de negocios de hacer menos de 3.4 errores por millón de oportunidades de cometer un error. Este estándar de calidad incluye diseño, fabricación, marketing, administración, servicio, soporte, todas las facetas del negocio.

Todos tienen el mismo objetivo de calidad y esencialmente el mismo método para alcanzarlo.

Si bien la aplicación para el diseño y fabricación del motor es obvia, el objetivo del rendimiento de Six Sigma, y la mayoría de las mismas herramientas, también se aplica a los procesos más suaves y administrativos.

Una vez que el proyecto de mejora ha sido claramente definido y limitado, el primer elemento en el proceso de mejora de la calidad es la medición del rendimiento.

La medición efectiva exige tener una visión estadística de todos los procesos y todos los problemas. Esta confianza en los datos y la lógica es crucial para la búsqueda de la calidad Six Sigma.

El siguiente paso es saber qué medir. La determinación del nivel sigma se basa esencialmente en defectos de conteo, por lo que debemos medir la frecuencia de los defectos. Los errores o defectos en un proceso de fabricación tienden a ser relativamente fáciles de definir, simplemente son un incumplimiento de una especificación.

Para ampliar la aplicación a otros procesos y mejorar aún más la fabricación, una nueva definición es útil: un defecto es el incumplimiento de un requisito de satisfacción del cliente, y el cliente siempre es la siguiente persona en el proceso.

En esta fase inicial, usted seleccionaría las características críticas de la calidad que planea mejorar. Estos se basarían en un análisis de los requisitos de su cliente (generalmente utilizando una herramienta como Despliegue de Funciones de calidad). Después de definir claramente sus estándares de rendimiento y validar su sistema de medición (con estudios de confiabilidad y repetibilidad de indicadores), entonces podría determinar la capacidad del proceso a corto y largo plazo y el rendimiento real del proceso (Cp y Cpk).

2. Análisis

El segundo paso es definir los objetivos de rendimiento e identificar las fuentes de la variación del proceso. Como negocio, hemos establecido el rendimiento Six Sigma de todos los procesos dentro de los cinco años como nuestro objetivo. Esto debe traducirse en objetivos específicos en cada operación y proceso.

Para identificar las fuentes de variación, después de contar los defectos, debemos determinar cuándo, dónde y cómo ocurren. Se pueden usar muchas herramientas para identificar las causas de la variación que crea defectos.

Estos incluyen herramientas que muchas personas han visto antes (mapeo de procesos, diagramas de Pareto, diagramas de espina de pescado, histogramas, diagramas de dispersión, gráficos de ejecución) y algunos que pueden ser nuevos (diagramas de afinidad, diagramas de caja-bigotes, análisis multivariado, prueba de hipótesis).

3. Mejora

Esta fase implica la detección de posibles causas de variación y el descubrimiento de las interrelaciones entre ellas. (La herramienta comúnmente utilizada en esta fase es Diseño de Experimento o DOE). Comprender estas interrelaciones complejas, luego permite la configuración de tolerancias de procesos individuales que interactúan para producir el resultado deseado.

4.   Control

En la Fase de Control, el proceso de validación del sistema de medición y la capacidad de evaluación se repite para garantizar que se produzca la mejora. Luego se toman medidas para controlar los procesos mejorados. (Algunos ejemplos de herramientas utilizadas en esta fase son el control estadístico de procesos, pruebas de errores y auditorías de calidad internas).

PALABRAS DE SABIDURÍA SOBRE LA CALIDAD

Si cree que es natural tener defectos y que la calidad consiste en encontrar defectos y solucionarlos antes de que lleguen al cliente, solo está esperando salir del negocio.

Para mejorar la velocidad y la calidad, primero debe medirlo, y debe usar una medida común.

Las medidas comerciales comunes que impulsan nuestra mejora de la calidad son los defectos por unidad de trabajo y el tiempo de ciclo por unidad de trabajo. Estas medidas se aplican por igual al diseño, producción, comercialización, servicio, soporte y administración.

Todos somos responsables de producir calidad; por lo tanto, todos deben ser medidos y responsables de la calidad.

Medir la calidad dentro de una organización y buscar una tasa de mejora agresiva es responsabilidad de la gestión operativa.

Los clientes quieren entregas a tiempo, un producto que funciona de inmediato, sin fallas tempranas en la vida útil y un producto que es confiable a lo largo de su vida útil. Si el proceso produce defectos, el cliente no puede ser fácilmente salvado de ellos mediante inspección y prueba.

Un diseño robusto (que esté dentro de las capacidades de los procesos existentes para producirlo) es la clave para aumentar la satisfacción del cliente y reducir los costos. El camino hacia un diseño robusto es a través de ingeniería concurrente y procesos de diseño integrados.

Debido a que una mayor calidad en última instancia reduce los costos, el productor de la más alta calidad es el más capaz de ser el productor de menor costo y, por lo tanto, el competidor más efectivo en el mercado.

IMPLEMENTACIÓN DE LA METODOLOGÍA

La elección de la implementación de la metodología Six Sigma depende de si se requiere una mejora en los procesos existentes (DMAIC) o en la creación de un nuevo proceso / diseño de producto (DMADV).

DMAIC

En Six Sigma, la metodología DMAIC implica definir objetivos de mejora, medir los estándares existentes al inicio del estudio para referencia futura y analizar la relación entre los defectos y sus causas.

Esta metodología Six Sigma también implica la mejora de los procesos para lograr el logro de objetivos consistentes de acuerdo con la estrategia de la empresa y de acuerdo con la demanda del cliente. El proceso de análisis de esta metodología Six Sigma establece el escenario para la corrección del curso medio, llamada mejora.

DMADV

Esta metodología Six Sigma se aplica a la creación de nuevos procesos para el desarrollo de productos. Esta implementación Six Sigma difiere de la metodología DMAIC en las dos etapas finales. La definición y medición del diseño y las metas y capacidades del producto son las dos primeras etapas.

La siguiente etapa es analizar alternativas y evaluar para elegir el mejor diseño de producto. La siguiente etapa consiste en implementar el mejor diseño. La etapa final implica verificar el diseño, las pruebas piloto (o prueba) y probar la implementación antes de la presentación final.

Varias organizaciones como Motorola, (pionera de Six Sigma), Microsoft, GE y la Marina de los Estados Unidos han implementado con éxito Six Sigma y han obtenido enormes dividendos.

Six Sigma ha beneficiado a las empresas con múltiples productos en diversos sectores empresariales.

Salud, banca y seguros, telecomunicaciones, software y construcción son solo algunas de las industrias que implementan con éxito Six Sigma.

La implementación Six Sigma requiere que las organizaciones jueguen cinco roles clave en varios niveles. En la parte superior se encuentra el liderazgo ejecutivo que incluye el CEO, los campeones, los cinturones negros maestros y los cinturones negros. Luego están los cinturones verdes, que dedican el 100% de sus esfuerzos a la implementación concertada del programa hasta el final del proyecto.

La diferencia entre los cinturones verdes y el resto del equipo es que los empleados en el nivel de cinturón verde comparten la responsabilidad adicional de la implementación Six Sigma junto con sus responsabilidades normales de trabajo.

CRÍTICAS DE SIX SIGMA

A pesar de su enfoque científico hacia la mejora de la calidad, hay críticas contra Six Sigma. La más vocal es el punto de vista de que no hay nada nuevo en Six Sigma ya que imita técnicas ya existentes y probadas. Hasta cierto punto, este argumento tiene cierta credibilidad.

Pero los partidarios de Six Sigma creen que mientras Six Sigma logre resultados más predecibles con un esfuerzo mucho menor, no hay nada malo al aceptarlo e implementarlo.

A pesar de las críticas, lo que Six Sigma hace es aplicar esfuerzos concertados para utilizar las técnicas existentes con nuevos enfoques.

COSAS QUE SIX SIGMA NO ES

Aquí hay cosas que Six Sigma no es, o no se ofrecen en su uso:

1. El Entrenamiento Six Sigma no es una moda pasajera. Claro, hay mucha exageración sobre el proceso, pero eso es porque funciona. Cuando se usa correctamente, Six Sigma puede ser beneficioso para un negocio de muchas maneras, y es probable que esté presente por mucho tiempo porque es muy efectivo.

2. Six Sigma no es la solución. La capacitación apropiada de Six Sigma te enseñará que este método de mejora del proceso es la ruta a la solución, y no la solución real en sí. No lo veo como una respuesta al problema, sino como un medio para resolver el problema en cuestión.

3. Los Proyectos Six Sigma no son solo para grandes corporaciones. Six Sigma se puede emplear en casi cualquier capacidad

si los principios de entrenamiento se aplican correctamente. Las pequeñas empresas e incluso los empresarios pueden usar el Entrenamiento Six Sigma para que sus negocios sean más efectivos a largo plazo.

4. Six Sigma no es una versión nueva y mejorada de la Gestión de la Calidad Total. Los dos procesos tienen sus similitudes, pero no son lo mismo. La Gestión de la Calidad Total se centra más en el resultado final y la mejora del proceso, mientras que Six Sigma se centra en el éxito empresarial y en la mejora de las posibilidades de éxito en una escala mucho mayor.

5. Six Sigma no es para todos. A pesar de que parece abarcar todo, puede ser la elección incorrecta de soluciones para algunos casos. Primero debe identificar el problema, así como su causa, y luego determinar qué solución ofrecerá los mejores resultados para eliminar ese problema. Podría y no podría ser Six Sigma.

Cualquier empresa que saque el máximo provecho del Entrenamiento Six Sigma necesita comprender de qué se trata. Con el fin de obtener la mejor idea de lo que es Six Sigma, ayuda a comprender los diversos mitos y cosas que no son relevantes para Six Sigma.

Cuando se embarca en el camino hacia Six Sigma Training, debe tener una mente abierta y no prejuzgar el proceso antes de aprender todo lo que hay que saber sobre Six Sigma.

CAPÍTULO 3: ¿POR QUÉ SIX SIGMA?

Las ventajas de Six Sigma no radican exactamente en los enormes beneficios de costos que se pueden lograr con su implementación.

Los ejemplos deslumbrantes de muchas corporaciones que han ahorrado miles de millones de dólares son verdaderos beneficios, pero los resultados intangibles, como haber cumplido las expectativas de los clientes y ser capaces de mejorar las relaciones con los empleados, también son primordiales.

Debido a que algunas empresas han experimentado su incumplimiento de los objetivos establecidos, algunos críticos a menudo plantean dudas sobre la viabilidad de implementar Six Sigma, mientras que otros lo descartan claramente.

BENEFICIOS DE SIX SIGMA

Obviamente, en casi todos los casos, las razones del fracaso de Six Sigma han sido factores externos como la selección equivocada o mal guiada de las herramientas, la falta de aplicación y la falta de apoyo de la gerencia superior.

Es importante tener en cuenta que la implementación exitosa de Six Sigma requiere un enfoque de arriba hacia abajo y perseverancia en todo. También es importante para el proceso una capacitación Six Sigma adecuada y completa.

SIX SIGMA CONSISTE EN LA ERRADICACIÓN DE PROBLEMAS DE NEGOCIOS

La resolución de problemas implica un pensamiento racional. De alguna manera, las compañías siempre se encontraron comprometiendo la calidad con la resolución de problemas, que es la razón principal por la cual las empresas deciden implementar Six Sigma y respaldan el entrenamiento Six Sigma.

El enfoque descendente de Six Sigma requiere dedicación y aplicación en todos los niveles de la organización y de forma continua. La metodología estadística de Six Sigma arroja luz sobre los defectos existentes y sus causas después de un análisis exhaustivo.

Se hace hincapié en la experimentación después del análisis y la redefinición de los procesos y sus objetivos. Esto es diferente a otras metodologías de aseguramiento de calidad. Los beneficios de apoyar la capacitación Six Sigma para profesionales de la compañía son evidentes.

Beneficios financieros: el flujo de caja aumenta debido a la creación de ingresos adicionales. A través de este proceso, aunque se pueden ver reducciones de costos y una mayor rentabilidad.

Es importante que todos los profesionales involucrados en la implementación de Six Sigma tengan un entrenamiento apropiado de Six Sigma. A pesar de que el entrenamiento de Six Sigma es relativamente caro, los beneficios financieros de apoyarlo en gran medida sobrepasan los costos iniciales.

Beneficios operacionales del Entrenamiento de Six Sigma: satisfacción del empleado debido a la mejora del flujo de trabajo, reducción en el tiempo y los pasos de proceso, mejor uso del espacio de trabajo, etc. Resultado de la implementación de Six Sigma.

Una razón mayor operacional para escoger Six Sigma es su éxito en la reducción de desechos y la redundancia.

La reducción de desechos se mide en términos de mejorar el tiempo, el movimiento de producto y de disminuir el consumo de materiales.

Conceptualmente, los beneficios de la implementación de Six Sigma emergen de descomponer la mentalidad de que los procesos de productos son invariables. Los beneficios también surgen como resultado de actividades interconectadas.

El resultado de este enfoque metodológico a la gestión de calidad se evidencia con fluctuaciones reducidas en los procesos. La estabilidad de este tipo provoca una serie de reacciones positivas en cadena dentro de las organizaciones.

Las historias de éxito del entrenamiento de Six Sigma son evidentes en todos los campos de negocios. Puesto que la metodología de Six Sigma involucra el proceso entero de hacer negocios, es como mostrar una falla aquí o allá, tales como las compañías que adoptaron Six Sigma han descubierto.

Comoquiera que puedan ser de pequeñas en cantidad las fallas, todas se deben a diferentes razones. Sin embargo, cualquier resultado negativo puede ser probablemente rastreado a la implementación inapropiada o incompleta del entrenamiento de Six Sigma.

PROS Y CONTRAS DE SIX SIGMA

Six Sigma es una estrategia de negocios que busca identificar y eliminar las causas de errores, defectos o fallas en procesos empresariales al enfocarse en los resultados que son críticos para los clientes.

Es una medida de la calidad que lucha por la eliminación temprana de defectos al usar la aplicación de métodos estadísticos. Un defecto se define como cualquier cosa que podría llevar la insatisfacción del cliente.

El objetivo fundamental de la metodología Six Sigma es la implementación de una estrategia basada en medidas que se enfoque en la mejora del proceso y la reducción de la variación.

Cuando el enfoque de Six Sigma fue presentado a muchas organizaciones, las reacciones iniciales incluyeron mucho escepticismo, tal como:

Es otra iniciativa de mejora de calidad o el sabor del mes.

No hay nada realmente nuevo en Six Sigma comparado con otras iniciativas de calidad pasadas

- Esto también pasará como otros
- Es un "vino viejo en una botella nueva"
- No funcionará en nuestra empresa
- Ya estamos implementando Six Sigma
- No es nada más que un bombo
- No es para nosotros puesto que Six Sigma requiere métodos estadísticos complicados

Sin embargo, los siguientes aspectos del enfoque de Six Sigma no fueron acentuados en las iniciativas de mejora de calidad anteriores:

- La estrategia de Six Sigma da enfoque claro a lograr retornos financieros medibles y cuantificables en la finanzas de una organización. Ningún proyecto Six Sigma se aprueba a menos que el impacto en la finanzas haya sido claramente identificado y definido.

- La estrategia de Six Sigma da importancia sin precedentes en el liderazgo fuerte y apasionado y en el apoyo requerido para su despliegue exitoso

- La metodología Six Sigma de resolución de problemas integra los elementos humanos (cambio de cultura, enfoque del cliente, infraestructura de sistema de cinturones, etc.) y elementos del proceso (gestión de proceso, análisis estadísticos de datos de proceso, análisis de sistema de medidas, etc.) de mejora.

- La metodología de Six Sigma utiliza las herramientas y técnicas para resolver problemas en procesos empresariales de una forma secuencial y disciplinada. Cada herramienta y técnica dentro de la metodología de Six Sigma tiene un rol que jugar y cuándo, dónde, por qué y cómo deberían implementarse estas técnicas o herramientas es la diferencia entre el éxito y la falla de un proyecto Six Sigma.

- Six Sigma hace énfasis en la importancia de los datos y la toma de decisiones basadas en hechos, en lugar de suposiciones y corazonadas! Six Sigma fuerza a las personas a poner las medidas en su lugar. Las medida es considerada una parte del cambio de cultura... Lo que se mide, ¡se hace!

- Al igual que otras iniciativas de mejora de calidad que hemos visto en el pasado, Six Sigma tiene sus propias limitaciones. Las siguientes son algunas de las limitaciones del enfoque de Six Sigma, creando oportunidades futuras para la investigación:

- El reto de tener acceso a datos de calidad, especialmente en procesos en los que no se tiene ningún dato disponible para comenzar (a veces esta tarea podría tomar la mayor proporción del tiempo del proyecto)

- La selección y priorización correcta de proyectos es uno de los factores de éxito críticos de un programa Six Sigma. La priorización de proyectos en muchas organizaciones aún es meramente subjetiva. Muy pocas herramientas existen para priorizar proyectos y esto debería ser el mayor empuje para la investigación futura.

La definición estadística de Six Sigma es 3,4 defectos o fallas por millón de oportunidades. En procesos de servicio, un defecto puede definirse como cualquier cosa que no cumple las necesidades o expectativas del cliente. Sin embargo, sería ilógico asumir que todos los defectos son igualmente malos.

Por ejemplo, un defecto en un hospital podría ser un procedimiento errado de admisión, diagnóstico equivocado, comportamiento inadecuado de los miembros del personal, falta de voluntad por ayudar a los pacientes cuando tienen consultas específicas, etc. La suposición de un cambio sigma de 1,5 (mejora estándar) para todos los procesos empresariales no tiene mucho sentido, este problema particular debería ser tratado con precaución extra pues un pequeño cambio en sigma podría llevar a cálculos erróneos.

Six Sigma puede divagar en el ejercicio burocrático, si el enfoque está en cosas tales como el número de Cinturones Negros y Cinturones Verdes entrenados, el número de proyectos completados, etc. En lugar de los ahorros de la finanzas.

Hay una sobreventa de Six Sigma por muchas firmas consultantes. Muchas de ellas afirman tener experticia en Six Sigma cuando apenas entienden las herramientas, técnicas y el mapa vial de Six Sigma.

La relación entre el Costo de Calidad Pobre (CCP) y el Nivel de Calidad de Proceso Sigma requiere más justificación.

¿QUÉ DEPARA EL FUTURO PARA SIX SIGMA?

En mi opinión, Six Sigma estará cerca siempre que los proyectos lleven resultados de finanzas medibles o cuantificables en términos monetarios o financieros... cuando los proyectos Six Sigma dejan de llevar a resultados de línea final, podrían desaparecer.

Uno de los peligros reales de Six Sigma tiene que ver con la capacidad de los Cinturones Negros (los llamados expertos técnicos) que abordan los proyectos desafiantes en organizaciones.

No podemos asumir simplemente que todos los Cinturones Negros son igualmente buenos. Otro peligro es la actitud de muchos gerentes en jefe en organizaciones de que Six Sigma es "un pudín instantáneo", resolviendo todos sus problemas eternos.

Quisiera resaltar el punto de que Six Sigma proporciona un medio efectivo para desarrollar e implementar el pensamiento basado en medidas, en base a los siguientes tres principios rudimentarios:

- Todo el trabajo ocurre en un sistema de procesos interconectados

- La variación existe en todos los proceso, y

- La Variación en los procesos puede ser medida y controlada

Los principios anteriores del pensamiento estadístico dentro de Six Sigma son robustos y es justo asumir que Six Sigma continuará creciendo en los próximos años.

Sin embargo, el paquete total puede cambiar en el proceso evolutivo y Six Sigma probablemente será suplantado por un nuevo enfoque de gestión empresarial en el futuro cercano.

CAPÍTULO 4: LA IMPORTANCIA DE LA CERTIFICACIÓN SIX SIGMA

No hay una compañía en este mundo que no esté familiarizada con el entrenamiento de Six Sigma.

Cualquier compañía que sueñe con volverse famosa, rica y adinerada no sólo conoce del método Six Sigma y de los cursos six sigma, sino que también intenta implementar estos cursos en sus proyectos.

¿MÉTODO SIGMA?

Six Sigma es un método que se usa para averiguar los factores que ayudan a disminuir la calidad del resultado. El método encuentra dichos factores y luego los erradica completamente, mejorando por ende la eficiencia y la efectividad del producto.

Las compañías anhelan empleados con certificación six sigma. Si una persona obtiene entrenamiento six sigma, entonces pueden obtener un certificado que se vuelva la prueba **de que la persona ha sido entrenada en cursos de six sigma.**

La certificación six sigma funciona como un boleto de oro para los empleados que necesitan trabajos en grandes firmas.

Muchas compañías ofrecen cursos de six sigma dentro de sus organizaciones. Este es un beneficio para los empleados que quieren tener la certificación six sigma. Sin embargo, hay muchas compañías que no pueden ofrecer el curso de entrenamiento de este método. En este caso, los empleados de estas compañías tienen que ser entrenados en este método por su cuenta.

Cualquiera que sea el escenario, los empleados con la certificación six sigma pueden o bien buscar mejores opciones u obtener promociones y bonos en sus compañías.

LOS CUATRO NIVELES DEL CURSO:

El curso involucra cuatro niveles y los empleados pueden o bien obtener el entrenamiento de ellos o de cualquiera de ellos o cualquiera que se adapte. Hay Cinturones Amarillos, Cinturones Verdes, Cinturones Negros y Campeones.

Los empleados con certificado de Cinturón Amarillo de six sigma son los principiantes. Tienen todo el entrenamiento requerido pero aún no están lo suficientemente entrenados para que se les den proyectos independientes. Los proyectos independientes son en los que la persona actúa como la cabeza o el gestor del proyecto.

Los empleados con certificado de Cinturón Verde de Six Sigma son los más buscados por las industrias porque son los que reciben el entrenamiento práctico y también algo de conocimiento acerca del Método DMAMC (Definir Medir Analizar Mejorar Controlar) o DMAIC por sus siglas en inglés.

Se les dan cursos de entrenamiento de cinturón verde para mejorar su conocimiento.

Los empleados con el certificado de cinturón negro de six sigma o con el certificado de Campeón son los que ayudan a los Cinturones Amarillos y Cinturones Verdes. A ellos se les imparten cursos de entrenamiento de cinturón negro de six sigma.

Los cinturones negros aseguran que los métodos apropiados de six sigma estén siendo usados en el proceso mientras los Campeones son las cabezas de los proyectos que monitorean el proceso general.

¿CUÁL ES LA VENTAJA DE TENER CERTIFICACIÓN SIX SIGMA?

La ventaja de una certificación Six Sigma es que una persona se vuelve capaz de depurar los errores de su proyecto. La ejecución de un proyecto no tiene éxito si no es a lo que aspira el cliente. El método ayuda a remover los errores y mantener la calidad del producto.

Esto se traduce en un aumento de las ventas de la empresa, su valor de mercado, la confianza del cliente en esa empresa y su satisfacción. Si un cliente obtiene lo que quiere, definitivamente va a acercarse a esa empresa la próxima vez que tenga un proyecto.

SIX SIGMA; FORMA DE DESARROLLAR PERSONAS

Uno de los muchos beneficios de Six Sigma es cómo ayuda a desarrollar personas. El proceso dual del entrenamiento Six Sigma y proyectos SIx Sigma cultiva excelencia no sólo en la calidad del producto y en ahorros financieros, sino también en el conocimiento, confianza y calidad de las personas en tu organización. Las personas son, después de todo, los activos más valiosos de tu organización.

Para sustentarse y mejorar continuamente, una organización tiene que desarrollar su gente. Six Sigma ayuda a desarrollar a tu gente en dos áreas: desarrolla líderes e impulsa a las personas para ser contribuyentes expertos y valiosos para el éxito de la organización.

Toda organización necesita personas con cualidades de liderazgo. Las habilidades de liderazgo se necesitan en cada nivel de la organización. El entrenamiento Six Sigma consistente y la implementación desde el nivel ejecutivo por medio de gerentes de línea ayudará a aumentar el liderazgo en tu organización.

Con Six Sigma, hay muchas oportunidades para desarrollar habilidades de desarrollo y cualidades de liderazgo en todos los niveles en la organización. El certificado de entrenamiento Six Sigma y el entrenamiento práctico de liderar proyectos Six Sigma cultiva habilidades para la gestión.

Six Sigma busca formar líderes en una organización por medio de sus programas de entrenamiento. Las personas que han completado el entrenamiento Six Sigma ganan un título de Cinturón. Eso denota su nivel de conocimiento y responsabilidad.

Un Cinturón Verde es un individuo que ha completado dos semanas de entrenamiento en el mapa víal de Six Sigma y elementos esenciales de metodologías estadísticas que apoyan proyectos de Six Sigma y que es miembro de un equipo de mejora de proceso de Six Sigma. Un Cinturón Negro es un individuo que ha completado cuatro semanas de entrenamiento enfocándose en el mapa vial de Six Sigma y en metodologías estadísticas extensivas y tiene experiencia liderando equipos multifuncionales de mejoramiento de proceso.

Los Cinturones Negros se vuelven líderes de equipos de proyecto de Six Sigma y aconsejan a otros empleados para ayudarlos a mejorar.

Six Sigma valora el liderazgo, pero también valora el involucramiento de empleados en todos los niveles de la organización. Si alguien puede llegar a la raíz de un problema y resolverlo, entonces no importa de dónde venga la idea.

Six Sigma tiene que tener apoyo y compromiso completo desde todos los niveles de la organización. Six Sigma requiere la compra de todos los involucrados en los procesos de la empresa que son medidos. Este requerimiento de hecho ayuda a construir una mejor organización.

El involucramiento de empleados de todos los niveles viene de la estrategia de Six Sigma de construir equipos de proyecto. Procesos de mejora continua, tales como Six Sigma, significan incluir personas, ganar su involucramiento, y luego apoyar lo que están intentando lograr.

Six Sigma pide entradas de soluciones de mejora por parte de todos los empleados porque reconoce el valor de las soluciones creativas a problemas desde todas las fuentes. La simple realidad es que los trabajadores es que los trabajadores de nivel bajo saben algunas cosas que los de nivel alto desconocen. Los empleados de primera línea entienden al cliente mejor que cualquiera. Las organizaciones que solicitan idea de trabajadores de primera línea descubrirán soluciones innovadoras a problemas que podrían nunca ser descubiertas por análisis detallado.

Involucrar a personas por medio de Six Sigma también lleva a empoderar a las personas. La metodología impulsada por datos de Six Sigma da a la gente feedback apropiado en el proceso y los niveles de mejora que están logrando- lo que hicieron bien y lo que hicieron mal.

Por medio de Six Sigma, a tu gente se le dan soluciones reales para eliminar las causas raíces reales de los problemas. Además, les da el entendimiento de lo qué, dónde, y porqués, debido a que los datos están allí. Por ende, Six Sigma ayuda a desarrollar el conocimiento, la confianza, y la calidad de las personas en tu organización.

Además, Six Sigma ayuda a promover una cultura de confianza de modo que las energías de todos sean dirigidas al trabajo positivo y constructivo. Tal cultura consiste en incluir personas, darles las herramientas que necesitan para tener éxito, un nivel apropiado de influencia y control, y ser abierto a ellos.

Puesto que la confianza hace que las personas se involucren más, se vuelvan más comprometidas, acepten más empoderamiento, y niveles más profundos de desarrollo de confianza. El trabajo en equipo, las actividades de coordinación, la confianza entre el equipo, y conocer el proceso hace el esfuerzo de Six Sigma exitoso.

El resultado de hacer esto bien es el crecimiento profesional, la mejora de la moral y actitudes positivas hacia los esfuerzos cooperativos. Six Sigma se volverá uno de los factores que no sólo impulsa la mejora dramática de calidad en tus empleados, sino que crea un sitio de trabajo increíble.

ELEMENTOS CLAVE DE SIX SIGMA

Six Sigma es básicamente un procedimiento de emprendimiento que permite a los negocios mejorar sus márgenes de ganancia. Six Sigma significa Seis Desviaciones Normales.

La metodología Six Sigma brinda los métodos e instrumentos para mejorar la capacidad y reducir las fallas en cualquier procedimiento. (Sigma sería la letra griega usada para simbolizar la desviación estándar en estadística)

Six Sigma es a menudo un enfoque estructurado y disciplinado impulsado por datos para mejorar los negocios. Se enfoca en cómo incrementaremos nuestra competitividad en el mercado al incrementar la satisfacción del cliente, mejorar el involucramiento del trabajador, inculcar un cambio optimista en nuestro modo de vida y a largo plazo hacer crecer la finanzas y la línea mayor.

En los mayores niveles, Six Sigma consiste totalmente en satisfacer al comprador con lo que quiere. Es realmente una metodología altamente disciplinada que asiste, crea y brinda exitosamente productos y servicios casi perfectos.

Six Sigma se ha probado por sí mismo al mostrar resultados en todo el mundo y al generar retornos sustanciales de emprendimiento. Six Sigma ha resultado ser vital para todas las organizaciones y compañías alrededor del mundo.

Los individuos, que somos bastante habilidosos con Six Sigma, podemos ser positivos para lograr una toma de decisiones excelentes, y para lograr posiciones de liderazgo dentro de la Escalera Corporativa.

LOS ELEMENTOS CRÍTICOS DE SIX SIGMA

Requerimientos del Consumidor, producir alta calidad, métricas y medidas, involucramiento del trabajador y la mejora continua son los elementos más importantes de la Mejora de Procedimiento de Six Sigma.

El objetivo elemental de tu metodología Six Sigma puede ser la implementación de una estrategia basada en medidas que se enfoque en la mejora de procesos y reducción de la variación por medio de la aplicación de proyectos de mejora Six Sigma.

Puedes encontrar dos sub-metodologías importantes de Six Sigma, las cuales son usadas como DMAIC y DMADV. Los procedimientos Six Sigma DMAIC se refieren a especificar, evaluar, y fortalecer la gestión. Puede ser usado comúnmente para mejorar el programa para procesos existentes cayendo bajo especificación y en búsqueda de un avance incremental. El enfoque Six Sigma DMADV es para resaltar, determinar, analizar, producir, verificar. Realmente es usado para desarrollar nuevos procesos u objetos a niveles de calidad Six Sigma. Puede también usarse si un proceso presente requiere mucho más que sólo un avance incremental.

Cada uno de dichos procedimientos Six Sigma es ejecutado por los Cinturones Verdes y Cinturones Negros Six Sigma, y son supervisados por los Cinturones Negros Maestros Six Sigma.

Las organizaciones que logran la mayor ventaja con Six Sigma aprovechan al máximo los lazos entre las personas hoy en día, procesos, consumidores, y tradición.

Un defecto Six Sigma se define como cualquier cosa fuera de las especificaciones del cliente. Una oportunidad Six Sigma es entonces la cantidad total de posibilidades para un defecto. Los procesos sigma pueden ser rápidamente calculados haciendo uso de una calculadora Six Sigma.

CAPÍTULO 5: MITOS DE SIX SIGMA DESMENTIDOS

1.   SIX SIGMA ES UNA INICITAVIA DE GESTIÓN DE CALIDAD

Six Sigma a menudo se considera otro sistema de gestión de calidad similar a TQM. Sin embargo, ambos sistemas son diferentes. Los equipos de Six Sigma realizan planes y acciones para asegurar el involucramiento de todos, desde la alta gerencia hasta los propietarios de procesos y operadores.

El involucramiento de alto nivel de todos es requerido, pues el enfoque está en lograr resultados.

2.   SIX SIGMA SÓLO ES PARA COMPAÑÍAS GRANDES

Este es un mito que existe de que sólo las grandes organizaciones como Motorola, Samsung, GE , y otras, han sido los mayores beneficiarios y contribuyentes del desarrollo y crecimiento de metodologías Six Sigma.

Sin embargo, la belleza de Six Sigma es que su utilidad no solo se limita a grandes organizaciones. También se adapta a las necesidades de pequeñas compañías. Está perfectamente adaptado para traer mejoras no solo a compañías manufactureras, sino también a la industria de servicios- tales como salud, banca, seguros y centros de soporte.

3. LOS CINTURONES VERDES SÓLO NECESITAN ENTRENAMIENTO BÁSICO

Los Cinturones Verdes Six Sigma a menudo son considerados como las personas que pueden emprender un proyecto teniendo sólo un poco de entrenamiento básico. Sin embargo, los Cinturones Verdes son una parte importante del equipo Six Sigma- y el entrenamiento entero es necesario para ellos, para asegurar que sean capaces de lograr los resultados esperados.

Similarmente, los Cinturones Negros también necesitan entrenamiento avanzado. Tienen que aconsejar a los Cinturones Verdes en Proyectos. No pueden simplemente trabajar en los proyectos a tiempo parcial. Los Cinturones Negros Maestros y los Cinturones Negros tienen entrenamiento y experiencia sustancial para manejar proyectos Six Sigma.

4. LOS EXPERTOS DE SIX SIGMA SON ESTADÍSTICOS

Para proyectos Six Sigma, los datos colectados son de mayor importancia. Los miembros de equipo de Six Sigma a menudo se les considera que son sólo estadísticos.

Sin embargo, este no es el caso, puesto que los cinturones Six Sigma tienen que entender y usar datos y estadísticos además de herramientas tales como diagramas de espina de pescado, o diagramas de causa y efecto, despliegue de función de calidad y mapeo de proceso.

También podrían tener que usar cuadros de control. Los Cinturones Negros Maestros a menudo tienen que usar análisis estadístico complejo, para cuantificar resultados logrados de entradas dadas. A menudo se considera a los expertos Six Sigma como elitistas. Esto se debe a las actividades estadísticas y especiales en las que a menudo están involucrados los miembros del equipo. La colección de datos estadísticos complejos y su análisis son partes importantes de los proyectos Six Sigma. Los expertos Six Sigma sólo pueden tener éxito si atraen miembros de la organización para datos y soporte.

5. SIX SIGMA REEMPLAZA LOS SISTEMAS ACTUALES

Six Sigma no es un sistema de calidad de reemplazo. Six Sigma y Lean pueden combinarse para brindar una mayor rentabilidad a la empresa.

Lean Six Sigma ayuda a eliminar el desperdicio en procesos al remover actividades de añadidura sin valor, llevando por ende a mejoras a los procesos existentes.

Tales mejoras pueden lograr beneficios a largo plazo y asegurar que se hagan mejoras continuas.

Six Sigma trae el cambio cultural en la organización. Tiene la capacidad de crecer y cambiar junto con las necesidades de la compañía. Esta evolución lo ha ayudado a crecer y sostenerse sin perderse hacia nuevos sistemas.

SIX SIGMA, COMO UNA ESTRATEGIA DE PROGRESO PARA LA RENTABILIDAD

¿Cuáles son los varios niveles en Six Sigma?

Six Sigma se divide en tres niveles con dificultad creciente. Los cuales son:

- Nivel 1- Cinturón Verde Six Sigma.

- Nivel 2- Cinturón Negro Six Sigma.

- Nivel 3- Cinturón Negro Maestro Six Sigma.

Antes de que abramos las capas de cada uno de los niveles anteriores de Six Sigma, entendamos primero lo que el concepto básico detrás de esta metodología famosa a nivel mundial es...

¿QUÉ HACE REALMENTE SIX SIGMA?

Six Sigma es un detector, básicamente identifica los defectos y errores en el sistema manufacturero y los remueve. Así es como hace los sistemas de procesamiento del a empresa más transparentes y efectivos.

1. Nivel 1-2-3 en Six Sigma

Nivel 1 (Cinturón Verde Six Sigma)- El curso de Cinturón Verde Six Sigma te enseña las tácticas básicas pero importantes para gestionar la calidad en el procedimiento empresarial, y a crear un equipo de expertos en el campo relacionado; también te da entendimiento profundo de métodos estadísticos. El principio central para Six Sigma es DMAIC (por sus siglas en inglés), que significa Definir, Medir, Analizar, Mejorar y Controlar (DMAMC por sus siglas en español).

2. Nivel 2 (Cinturón Negro Six Sigma)

El Cinturón Negro Six Sigma está a un nivel adelante del cinturón verde. Te da un entendimiento profundo de las herramientas de six sigma y te enseña a usar el software estadístico especializado, filosofías, y principios de Six Sigma. Una vez que completas el curos de cinturón negro, te vuelves un maestro en gestión de equipo, en la asignación de tareas a los miembros de tu equipo o en lograr el objetivo bien a tiempo, puedes entender la dinámica de un equipo bien con el curso de cinturón negro.

3. Nivel 3 (Cinturón Negro Maestro Six Sigma)

El Cinturón Negro Maestro de da experticia en el despliegue estratégico de Six Sigma dentro de una organización. Aprendes las tácticas para promocionar y apoyar actividades de mejora en todas las áreas empresariales de una organización. Puedes aconsejar a los equipos de Six Sigma ordenar problemas específicos con el uso de una herramienta apropiada.

Ser un profesional certificado de Six Sigma en sí haba mucho acerca de tus capacidades para afrontar los retos en un sistema empresarial y esto también incrementa tu valor dentro de la organización.

SI quieres contribuir con lo mejor que tienes y ganar sacar lo mejor de la organización a la que le sirves, toma los Cursos de Six Sigma ahora.

CAPÍTULO 6: DESPLIEGUE DE SIX SIGMA

Six Sigma puede ser desplegado exitosamente en cualquier industria sin importar el tamaño. Los conceptos de Six Sigma están diseñados de acuerdo con las características básicas de una empresa y no de acuerdo al tamaño de una empresa.

Las empresas que no tienen recursos adecuados para desplegar Six Sigma pueden obtener ayuda de profesionales de Six Sigma tales como los Cinturones Negros o los Cinturones Negros Maestros, quienes tienen mucha experiencia en el uso de Six Sigma.

ESCALABILIDAD

El aspecto más interesante de Six Sigma es que es escalable, lo que significa que algunos conceptos de Six Sigma se pueden aplicar a cualquier proceso de negocio, independientemente del tamaño y complejidad del mismo.

Optar por un proyecto piloto en lugar de un despliegue general ayudará al negocio a concentrar sus esfuerzos y recursos en desplegar Six Sigma en un área específica.

Despegar Six Sigma para un proceso empresarial específico ayudará a la empresa a lograr resultados rápidos y precisos.

SELECCIÓN DE PROYECTO

Para el despliegue exitoso de proyectos pilotos de Six Sigma, las empresas tienen que seleccionar sólo aquellos proyectos que sean críticos para el funcionamiento del día a día de la organización. Seleccionar un proyecto que se enfoque en lograr una o más metas u objetivos básicos de la organización será beneficioso para el proyecto así como también para la organización.

Las empresas tienen que asegurarse de que los proyectos pilotos sean completados dentro del espacio de tiempo estipulado, preferiblemente dentro de tres o cuatro meses dependiendo de la complejidad del proyecto piloto.

Los proyectos pilotos fijarán el tono para los despliegues futuros de amplitud organizacional, y como tales, es necesario seguir todas las orientaciones básicas que ayudarán a hacer que el proyecto piloto sea un éxito.

ENTRENAMIENTO

Desplegar Six Sigma a lo largo la organización entera requerirá que la empresa de un entrenamiento six sigma apropiado a los equipos de despliegue, así como también a los empleados que están relacionados a un proyecto de despliegue específico.

El entrenamiento ayudará a los empleados a entender los conceptos básicos de Six Sigma y a darles una idea de lo que tendrán que hacer o estarán haciendo durante el período de despliegue.

Esto ayudará a eliminar los problemas de despliegue que a menudo surgen debido al desconocimiento general de los conceptos y metodologías de Six Sigma. El entrenamiento puede hacerse en el sitio o fuera de él, dependiendo del tipo de entrenamiento.

El entrenamiento debe hacerse de modo tal que no afecte el funcionamiento normal de la organización.

Si los empleados lo desean, las empresas también pueden optar por entrenamiento online que permitirá a los empleados recibir entrenamiento cuando tengan tiempo libre, desde la comodidad de sus hogares.

Las empresas tienen que asegurarse de que los empleados que reciben entrenamiento sean los que eventualmente trabajarán en un equipo de despliegue de Six Sigma.

Mantener canales de comunicación apropiados entre los equipos de despliegue y la gerencia también es importante cuando se trata de la compleción exitosa de proyectos Six Sigma.

Las empresas tienen que mantener canales de comunicación de dos vías para compartir información que pudiera ser crítica para un proyecto de despliegue de Six Sigma.

CAPÍTULO 7: MANEJANDO EQUIPOS SIX SIGMA

Six Sigma es un procedimiento continuo, el cual puede ayudar a las compañías a reducir los costos y gastos generales, e incrementa las ganancias con operaciones de coordinación, mejorando la calidad y eliminando todas las áreas de problema.

Six Sigma no sólo beneficia una organización, sino que la organización puede beneficiar también a Six Sigma por gestionarla. La gestión debe llevarse por individuos altamente calificados y entrenados.

Gestionar un equipo de Six Sigma no es una tarea sencilla y es casi imposible para una sola persona gestionar un proyecto Six Sigma por sí sola. Six Sigma es un proceso en equipo que requiere trabajo en equipo en la mayoría de los niveles. Gestionar un equipo Six Sigma empieza desde los niveles superiores de la organización.

Los líderes de la compañía deben brindar recursos a los equipos y a la autoridad para aplicar esos conceptos de Six Sigma en sus actividades del día a día.

Los líderes de la compañía tienen que asegurarse también de que las metas de la compañía estén asociadas con proyectos Six Sigma y deben mirar hacia la remoción de cualquier obstáculo qu pudiera estar en el camino del despliegue de Six Sigma.

SELECCIÓN Y ENTRENAMIENTO DE LOS LÍDERES DE EQUIPO DE SIX SIGMA

Los líderes de equipo Six Sigma tienen que ser seleccionados y entrenados apropiadamente, pues juegan un rol crucial en la gestión del equipo entero. No sólo son responsables por gestionar el equipo, también son los principales representantes de cambio para el proceso Six Sigma.

Los líderes de equipo Six Sigma son directamente responsables por gestionar sus equipos. Un Cinturón Negro Six Sigma es el líder de equipo y la responsabilidad del Cinturón Negro es facilitar Six Sigma como parte de la cultura.

Los Cinturones Negros tienen que ser entrenados en la metodología de Six Sigma y deben tener experiencia previa en el liderazgo de equipos.

El líder de equipo Six Sigma o el Cinturón Negro debe tener cualidades de liderazgo, deberían ser capaces de entender la dinámica del equipo y deberían ser capaces de asignar a cada uno de los miembros del equipo sus roles y responsabilidades originales. Ayudan a los equipos a lograr y sustentar resultados notables.

ASPECTOS IMPORTANTES DE GESTIONAR UN EQUIPO SIX SIGMA

Liderar y ser tutor son los dos aspectos más importantes al gestionar un equipo Six Sigma.

Como el líder, el Cinturón Negro debería desear ajustar las circunstancias. Deberían ser capaces de reconocer y gestionar los contratiempos ocasionales. Al estar directamente involucrados con el equipo, los Cinturones negros implementan mejoras de una forma rápida y eficiente. El rol principal de los Cinturones Negros incluye minimizar el conflicto grupal y manejar las reuniones fuera de control. Six Sigma incluye prácticas que sustituyen los hábitos precipitados e imprudentes con un método de gestión dinámica, abierta y práctica.

Es importante para el líder de equipo o para el Cinturón Negro ser un mentor para todos en el equipo. Luego de su entrenamiento, a los nuevos candidatos se les debe dar orientación apropiada. Esto asegura la compleción oportuna de proyectos y correcciones regulares siendo hechas en el curso.

Six Sigma apoya el trabajo en equipo y el Cinturón Negro debería trabajar para crear un ambiente sano y productivo para el equipo. El cinturón negro debería organizar al equipo de manera tal que se use mejor el conocimiento individual y las técnicas de los miembros individuales del equipo.

Los Cinturones Negros ayudan a mejorar e incrementar la moral de los miembros. Toda circunstancia debería ser tomada como una oportunidad por el Cinturón Negro para guiar e instruir a los miembros individuales del equipo y para mejorar la organización como un todo.

CAPÍTULO 8: BENEFICIOS DE IMPLEMENTAR SIX SIGMA EN LAS EMPRESAS

Six Sigma, una metodología de gestión, ayuda a las compañías a usar los datos para la eliminación de diferentes tipos de defectos en un proceso. Las herramientas de Six Sigma son ampliamente usadas en muchos sectores industriales y buscan la mejora en la calidad del producto.

Six Sigma funciona por el uso de dos sub-metodologías mencionadas a continuación:

DMAIC- Es el acrónimo de Definir, Medir, Analizar, Mejorar y Controlar (DMAMC en español) y se usa para procesos existentes.

DMADV- Es el acrónimo de Definir, Medir, Analizar, Diseñar y Verificar, y se usa para procesos nuevos.

BENEFICIOS DE SIX SIGMA PARA LAS EMPRESAS

La implementación de Six Sigma en empresas brinda numerosos beneficios desde 1986, el tiempo en el que fue introducido. El uso exitoso de él ha llevado a más a organizaciones a optar por esta metodología. Vamos a echar un vistazo acerca de sus beneficios a las organizaciones y porqué toda empresa debería hacer uso de él:

1. Mejora en la Lealtad del Cliente: los clientes son una parte importante de toda empresa y retenerlos es la mita principal a seguir. Esto sólo puede ser posible si los clientes están altamente satisfechos con los servicios. Por lo tanto, para ganar la confianza del cliente y mejorar su experiencia, las compañías usan sus herramientas para analizar la percepción de los clientes.

2. Gestión de Tiempo: Implementar esta metodología en organizaciones ayuda a los empleados a la gestión efectiva del tiempo y da más resultados productivos. Los usuarios pueden fijar metas inteligentes y usar los principios de datos para lograr las metas. Una acción puede crearse si los usuarios y puede usarse para estudios futuros.

3. Motivación de Empleados: otro destino para las empresas es hacer felices a los empleados por esto, toda organización necesita motivarlos. Las herramientas Six Sigma para resolución de problemas se han vuelto una bendición por brindar motivación suficiente a los empleados, pues implementar estas herramientas y técnicas ayuda a crear el ambiente positivo.

4. Gestión de Cadena de Suministros: los proveedores tienen un gran impacto en las empresas; por lo tanto, Six Sigma puede ayudar a bajar las demandas de los proveedores que ayudan a una empresa a reducir el riesgo de defectos. Las empresas deberían mantener un ojo también en si los proveedores tienen algún plan de hacer algún cambio,

tales como cambios en su maquinaria; por ende, para volverse una empresa exitosa, deberían usarse las herramientas de Six Sigma.

5. Planificación Estratégica: Planificar e implementar estrategias ayuda a la empresa a lograr sus metas y Six Sigma los ayuda en este contexto. Una vez que una empresa fija su frase de misión, Six Sigma puede usarse para enfocarse en las áreas que tienen alcances de mejora.

6. Cumplir las fechas límite: hay muchas empresas que enfrentan el problema de proyectos siendo extendidos en el marco de tiempo esperado debido a algunos cambios inesperados en el alcance del proyecto.

Con ayuda de Six Sigma, las organizaciones forman un equipo de profesionales con experiencia que examinan y detectan problemas potenciales al acortar el ciclo del proyecto a un límite apreciable.

CAPÍTULO 9: USANDO SIX SIGMA EN VENTAS

ALCANCE

El área mayor de preocupación de los gerentes de ventas es mejorar los procesos de modo tal que las ventas por vendedor mejoren. A menudo encuentran difícil asignar personas al entrenamiento; debido a que es tiempo que sienten que debería usarse para esfuerzos de venta.

Cuando se emprende un proyecto Six Sigma para el equipo de ventas, es importante que los proyectos no se vuelvan muy complejos de manejar, y no tomen mucho tiempo. Un proyecto puede estas enfocado en ciertas áreas, quizás con un tema en común; por ejemplo, trabajar en líderes en ventas y oportunidades.

Ciertos miembros pueden trabajar en sub-procesos, como el proceso general de ventas.

Para definir el alcance, la participación de los miembros del equipo de ventas puede ser beneficiosa. Una reunión o una discusión grupal revela muchas áreas donde se requieren mejoras. Pueden haber muchas ubicaciones diferentes en las que los procesos de ventas están siendo emprendidos.

Las mejoras pueden darse en áreas tales como reducción del ciclo de tiempo para ventas, relanzamiento de productos existentes o rediseñados, y efectividad de llamadas de venta, entre otras.

EFECTIVIDAD DEL PROYECTO

La efectividad del Proceso es importante para que el proceso de ventas traiga buenos resultados. Emprender el entrenamiento de Cinturón Verde y de Cinturón Negro en pequeños grupos, pero cubriendo varias regiones, puede ser útil.

Puede incluir discutir y compartir las experiencias y problemas enfrentados en las diferentes regiones. En tales discusiones, sus mejores prácticas en ciertos escenarios pueden ser compartidas.

Con esto en mente, el equipo Six Sigma en un proceso de venta puede definir algunas actividades que necesitan mejoras más que sólo actividades de control.

Puede haber necesidad de mejorar la calidad de llamadas de venta y la selección de prospectos para ventas. Las llamadas efectivas son igualmente importantes. Lo que tiene que estudiarse es el efecto que los descuentos y precios tienen en las ventas y si están relacionados con la efectividad del equipo de ventas.

Al estandarizar el proceso de ventas, una idea clara de la entrada y los pasos del proceso para el éxito del procedimiento puede ser bien entendida y seguida.

La consideración de la mejora del proceso de subasta también se necesita, de modo que no haya discrepancias entre la subasta y los precios cotizados, y las facilidades se den según la cotización. Esto ayuda a reducir los defectos en el proceso.

Las ventas y el mercadeo, con el apoyo de Six Sigma, pueden lograr beneficios financieros mayores- incluso mejores que en las áreas de producción. Si el alcance del proyecto es bien definido inicialmente, todas las molestias posteriores pueden ser ordenadas apropiadamente.

MEJORAR LAS VENTAS POR MEDIO DE SIX SIGMA

Las políticas de precio antiguas se basaban en la oferta y la demanda, pero debido a la competencia incrementada, el precio ha pasado a brindar valor a los clientes.

Con la ayuda de las herramientas estadísticas de Six Sigma, los analistas de precios pueden hacer predicciones precisas acerca del nivel de interés mostrado en un producto o servicio que está disponible a un precio específico.

Estos cálculos ayudan a adaptar una etiqueta de precio que equilibre efectivamente los dos factores involucrados, es decir, el interés del consumidor y las ganancias generadas por medio de ventas.

Las empresas pueden usar Six Sigma también para comparar sus políticas de fijación de precios con las de sus competidores para identificar defectos y divisar soluciones innovadoras para hacer mejoras.

MEJORAR VENTAS POR MEDIO DE PRODUCTOS Y SERVICIOS OPTIMIZADOS

Al implementar Six Sigma, las empresas pueden mejorar la eficiencia de sus procesos empresariales, los cuales a cambio les permitirán brindar productos o servicios de mejor calidad y más baratos para sus clientes.

Esto resulta en la satisfacción incrementada del cliente, permitiendo a la empresa desarrollar la lealtad del cliente, algo que es necesario para el éxito a largo plazo de cualquier emprendimiento.

Tener una lista larga de clientes leales ayuda porque la empresa puede esperar mantener su rentabilidad incluso cuando haya una tendencia a la baja en la industria.

Six Sigma también puede usarse para diseñar y desarrollar nuevos productos o servicios basados en las necesidades y requerimientos específicos del cliente. Esto ayuda porque es bastante efectivo convirtiendo las demandas o requerimientos vagos del cliente tales como "alta calidad", o "precio razonable" en términos medibles, los cuales pueden incorporarse al servicio o producto propuesto.

Cuando tales productos o servicios son lanzados, la probabilidad de que fallen en captar la atención del cliente es bastante menor porque la mayoría de los clientes prefieren comprar productos que se encarguen de sus necesidades y requerimientos y están disponibles a tasas razonables.

Puesto que las necesidades y expectativas del cliente ya han sido tomadas por medio del uso de conceptos de Six Sigma, es bastante seguro que los productos o servicios recientemente diseñados serán un gran éxito entre los clientes.

Six Sigma ayuda a mejorar las ventas, pero no es algo que pueda lograrse sin el apoyo completo de los empleados.

La Gerencia General tiene que entender esto y asegurarse de que se brinde entrenamiento apropiado a todos los empleados asociados con el proyecto de implementación.

Es sólo después de que todos los factores mencionados son tomados en consideración que una empresa puede esperar hacer mejoras drásticas en sus volúmenes de ventas existentes.

CAPÍTULO 10: ÉXITO DE SIX SIGMA; CÓMO SUPERAR LAS BARRERAS ¿EN SU NEGOCIO?

Si eres como el noventa y nueve por ciento de todas las empresas actuales, estás perdiendo entre veinticinco y cuarenta por ciento de tus márgenes de ganancias por fallos, reelaboración, errores, omisiones, defectos, y retrasos.

Gastar ese tipo de dinero para enfrentar, remediar, resolver, y mitigar problemas hace más que simplemente drenar tus finanzas; también añade estrés a tus empleados, clientes, y participantes.

Inclusive si estás dentro del uno por ciento de las compañías que tienen empleados perfectos que nunca cometen errores, y procesos perfectos que son a prueba de errores, hay probabilidades de que haya algún tipo de crisis diaria de gerencia que no quisieras que existiera.

Quizás tienes muchas quejas de parte de los clientes, mucha tenacidad, o mucho heroísmo por parte de los empleados con frecuencia diaria.

No importa cuál sea el reto particular de tu compañía, considera estas preguntas: "Si tuvieses veinticinco por ciento más personal, ¿qué proyectos nuevos e interesantes que sirvan al cliente emprenderías? ¿Qué productos nuevos o servicios crearías? ¿Qué posibilidades abarcarías?" Ese es el poder de Six Sigma de sacar más provecho al simplificar tus procesos existentes, lo cual luego liberará recursos para hacer las cosas que simplemente no tienes tiempo de hacer.

Six Sigma es una metodología probada para reducir el tiempo de ciclo, defectos, y retrasos, y para mejorar las ganancias. Es un enfoque orientado a resultados, enfocado proyectos hacia la calidad, productividad y rentabilidad. Six Sigma tiene metas simples, tales como:

- Treinta a sesenta por ciento de reducción del tiempo de entrega
- De veinte a cuarenta por ciento de reducción de requerimientos de espacio
- De veinte a treinta por ciento de mejora en la capacidad del equipamiento
- De veinte a cincuenta por ciento de mejora en la productividad
- De treinta a sesenta por ciento de reducción en el inventario

Estas reducciones y mejoras se traducen en ahorro de costos, aumento de ganancias, y ventaja competitiva.

Desafortunadamente, muchas compañías tienen barreras que evitan que ejecuten un enfoque "Esbelto" de Six Sigma.

Las siguientes son algunas de las barreras comunes al ejecutar Six Sigma y algunas sugerencias acerca de cómo superarlas.

BARRERA

1. A las personas no les gusta ser medidas.

Uno de los secretos para volverse mejor, hacer mejoras, e incrementar la satisfacción del cliente es entender que a tus empleados no les gusta ser medidos. Típicamente, cuando las compañías miden el trabajo o la productividad de sus empleados usan información para reprender a los empleados o decirles que están equivocados.

Mientras que medir factores clave en tu compañía puede ser útil de hecho, tienes que usar las métricas que descubres para identificar cómo los procesos o sistemas que tienes en el lugar fallan, no cómo tu gente falla.

Por ejemplo, un centro de soporte puede medir cuánto tiempo duran al teléfono sus representantes de atención al cliente con los clientes, la meta fijada es completar todas las llamadas en dos minutos o menos.

Puesto que los empleados se esfuerzan por mantenerse dentro de los parámetros de esa medida, no le dan a los clientes toda la información que necesitan, resultando en que el cliente llama de nuevo múltiples veces.

En este caso, el número de llamadas regresadas por los clientes puede ser una medida mucho más importante de cuánto tiempo pasan los empleados encargándose de un cliente. Después de todo, ¿Qué tan buenas son las llamadas telefónicas cortas si tienes muchas llamadas repetidas?

Por lo tanto, observa lo que estás midiendo y decide si está dando información útil. ¿Lo que estás midiendo realmente se relaciona a las preocupaciones reales de tus clientes? Luego de este análisis, podrías tener que cambiar totalmente lo que estás midiendo actualmente.

O podrías encontrar que estás midiendo correctamente, pero que no deberías usar la información para culpar a tu gente, culpa a tu proceso en su lugar, y luego cambia el proceso.

2. Tener un complejo de macho.

A veces los gerentes piensan que conocen todas las respuestas correctas. Estos "hombres machos" (y mujeres) de la organización piensan que son de oro. No quieren dirigirse a una dirección para mejorar porque piensan que ya están haciendo un gran trabajo.

Creen que son grandes gerentes y que no tienen que cambiar. Para ellos, el cambio es algo es una admisión de que algo que hicieron o implementaron no funcionó. Estas son las personas que realmente retrasan a una compañía.

Para quitar esta mentalidad de tus gerentes y empleados, tienes que dejarles saber que todas las técnicas fallan en algún punto por una variedad de razones- una economía cambiante, el desarrollo de una nueva industria, un lugar de trabajo más diverso, etc.

Explica que todas las compañías necesitan nuevos procesos, enfoques, y técnicas para encontrar la mina de oro escondida en la compañía. Ayúdalos a entender que la mina ya está allí en la empresa- y que simplemente no pueden verla por la manera en que siempre la han estado buscando.

3.   Hacer que las personas exitosas y las que resuelven problemas trabajen juntas.

Puedes agrupar a todos tus empleados en una o dos categorías: Los que son Exitosos o los que Resuelven Problemas.

Aquí está la diferencia: si le preguntas a las personas qué es importante para ellos acerca de su trabajo, dirán una de dos cosas:

1.   Consiste en lo que puedo hacer, lograr, o cumplir (los Exitosos), o

2.   Consiste en evitar la dificultad, en resolver problemas, y evitar los errores (Los que Resuelven Problemas).

Los Exitosos no están exentos de encontrar y resolver problemas. Su enfoque es vender más productos o servicios y hacer crecer la empresa. Los que Resuelven Problemas, por otro lado, son geniales resolviendo problemas, pero no tienen una mentalidad visionaria. Sin un problema para resolver, carecen de dirección.

Como resultado, en muchas compañías hay un conflicto entre las dos mentalidades. Por lo tanto, tienes que alentar a los Exitosos a ir con los que Resuelven Problemas y ayudarlos a alcanzar metas.

Del mismo modo, tienes que alentar a los que Resuelven Problemas a acudir a los Exitosos en busca de dirección (a pesar de que los que Resuelven Problemas serán los que finalmente resolverán el problema).

Para identificar a los Exitosos y a los que Resuelven Problemas en tu compañía, pregunta a las personas dos preguntas simples:

1. ¿Qué es importante para ti acerca de tu trabajo?

2. ¿Por qué es tan importante? Supongamos que le preguntas a algunos la primera pregunta y todos responden que servir al cliente es importante. Cuando les preguntas por qué es tan importante, los Exitosos darán respuestas como, "Obtenemos más negocios," "Obtenemos mejores aumentos", y "Ganamos cuotas de mercado mayores." Para ellos, todo se trata de lo que logran y obtienen. Los que Resuelven Problemas darán respuestas como, "Evitamos tener clientes irritados al teléfono," No tenemos muchos reclamos de garantía," y "No tenemos que reelaborar." Para ellos, todo se trata de evitar el dolor.

Una vez que sepas en qué categoría encajan todos, puedes unir la brecha entre las dos mentalidades de modo que todos trabajen juntos eficientemente.

SIX SIGMA LEAN (ESBELTO) PARA TU FUTURO

Finalmente, con todas las barreras removidas, asegúrate de dar permiso a tus empleados de hacer las cosas mejor. Mientras que el equipo directivo debería finalmente escoger las cosas que necesitan ser mejoradas, déjales saber a tus empleados que tienen permiso de cambiar la forma en que funcionan esos aspectos de la empresa.

Da a cada empleado un tiempo de entrega amplio para que salgan con buenas soluciones con las que todos puedan vivir. Nueve de cada diez veces, sus sugerencias te sorprenderán.

Desafortunadamente, hoy en día muchas compañías son adictas a "combatir incendios" y a la gestión de crisis. Como tales, tienden a alabar al "héroe" que siempre está salvando el día.

Pero cuando sobrepasas estas barreras comunes y efectivamente ejecutas Six Sigma en tu compañía, ya no tienes más incendios. Tu empresa simplemente funciona como debería. Es como una aldea donde todos contribuyen al bienestar general de la aldea.

Cuando haces que estos cambios sucedan en tu empresa, experimentarás una reducción en los defectos, calidad incrementada, ahorros financieros, y una carga de trabajo predecible y gestionable.

En ese punto, serás capaz de reclamar todas esas ganancias perdidas y llevar a tu compañía hacia nuevas alturas de éxito.

CAPÍTULO 11: HERRAMIENTAS DE SOFTWARE PARA SIX SIGMA

Las herramientas de software para Six Sigma aumentan la implementación de la metodología Six Sigma al complementar y a veces substituir los esfuerzos humanos.

Las herramientas de software para Six Sigma llenan el vacío de necesidades adicionales por compañías que están implementando la metodología Six Sigma.

HERRAMIENTAS DE SOFTWARE PARA SIX SIGMA- CARACTERÍSTICAS Y TAMAÑO

Las herramientas para software de Six Sigma están disponibles en diferentes módulos, cubriendo varios aspectos de implementación. Hay un paquete completo en el mercado que cubre la envergadura completa de las actividades de Six Sigma.

Sin embargo, comprar una herramienta de software para Six Sigma que comprenda todos los módulos durante el curso de implementación Six Sigma significa que posiblemente no puedan ser usadas todas. Generalmente, las herramientas de software para Six Sigma son desarrolladas en una plataforma de Excel.

Cuando estés evaluando las herramientas de software de Six Sigma, el tamaño de tu empresa o el de la implementación de Six Sigma no debería ser de preocupación indebida. La mayoría de los desarrolladores de software de Six Sigma tienen factores como estos en mente cuando desarrollan sus productos. Hay disponibles dos herramientas de software de Six Sigma diferentes, tales como una edición de escritorio y una edición de emprendimiento. Siempre serás capaz de encontrar el tipo de software que necesites.

Debido a mejoras recientes en la tecnología, ¡también hay un módulo habilitado para la web disponible!

DIFERENTES MÓDULOS DE VARIOS DESARROLLADORES DE SOFTWARE

Los desarrolladores de software, de acuerdo con las necesidades y demandas de diferentes empresas, han desarrollado varios módulos de herramientas de software de Six Sigma. Algunos ejemplos de herramientas de software de Six Sigma son los siguientes:

1. DMAIC Six Sigma- una herramienta de gestión de proceso

2. Diseño para Six Sigma o DFSS por sus siglas en inglés- una herramienta de diseño

3. Paquete de Mejora de Calidad- una herramienta de control de calidad

4. Paquete de Gestión de Producción- una herramienta de simulación de proceso

5. Simulación y Optimización de Proyecto- una herramienta analítica

6. Medidas y Ensayos- una herramienta de control y prueba

Los paquetes de herramientas de software generales e integrales de Six Sigma juntan muchas características poderosas las cuales ayudan a acelerar el proceso de toma de decisiones y la minería de datos, mientras que simplifican dramáticamente las actividades de modelado predictivo. Estas funciones son permitidas por un concepto nuevo llamado "inteligencia artificial" o AI.

La inteligencia artificial imita el proceso de pensamiento humano para automáticamente calcular y resolver problemas complejos. Esta función resulta manejable, especialmente cuando estás tratando con grandes bases de datos.

RESPALDO DE SOPORTE PARA HERRAMIENTAS DE SOFTWARE PARA SIX SIGMA

Los productores y vendedores de software brindan asistencia con sus productos. Estos incluyen:

- Soporte de Instalación y Mantenimiento

- Sistemas de ayuda en línea y tutoriales

- Guías de aplicación de Producto

- Atención Cliente libre de costos 24/7

- Garantía de reembolso durante un período de tiempo limitado

REQUERIMIENTOS DE HARDWARE DEL SISTEMA

La mayoría de las herramientas de software de Six Sigma están disponibles tanto para PCs compatibles con Mac como con IBM. Los requisitos mínimos del sistema son:

- Al menos Pentium 386, pero para la mayoría de los productos-procesador Pentium 1.0 GHz

- 256 MB de RAM

- 1.0GB de espacio libre en el disco

- Tarjeta Gráfica (al menos VGA o una mejor es recomendada)

- Windows, varias versiones; dependiendo de cuál producto compres

Con las herramientas de software para Six Sigma a tu disposición, puedes procesar muchos datos, más de los que jamás podrías manejar. La inteligencia artificial se usa para la selección y análisis más rápido de proyecto.

Las herramientas de software para Six Sigma también te ayudan a predecir los comportamientos y tendencias futuras. Las herramientas de software de Six Sigma finalmente han llegado a su época y están aquí para quedarse.

VISIÓN DIFERENTE DEL FUTURO DE SIX SIGMA

Desde su introducción en los noventa, Six Sigma se ha vuelto la palabra de moda tanto en la industria de manufactura como en la de servicio. Las varias metodologías usadas en Six Sigma se basan en un enfoque disciplinado e impulsado por datos que ayuda a eliminar defectos y lograr casi la perfección al restringir el número de defectos posibles a menos de 3,4 defectos por millón.

Las metodologías son efectivas en gestionar procesos empresariales tanto de la industria de manufactura como de la industria de servicios. En la industria manufacturera, los conceptos y metodologías son usados para reducir el número de defectos, mientras que en la industria de servicios, se usan principalmente para reducir los errores transaccionales.

A pesar de que muchas compañías han tenido éxito en reducir el número de defectos por medio de proyectos de Six Sigma, los argumentos levantados contra la eficacia de Six Sigma en todos los aspectos de procesos empresariales aún no parecen ceder.

Algunos expertos de gestión piensan que Six Sigma está inherentemente errado, puesto que no toma en cuenta las fallas que podrían estar presente en el sistema mismo.

Tienen la opinión de que las herramientas analíticas y estadísticas usadas en Six Sigma sólo exponen fallas en la ejecución y no forman el total de un proceso que en sí mismo está plagado con defectos.

Los defensores de Six Sigma ofrecen un punto de vista diferente. De acuerdo a ellos, las herramientas de gestión de calidad tales como Total Quality Management (TQM) y Six Sigma son bastante similares conceptualmente, excepto por sus etiquetas. Las organizaciones empresariales pueden usar cualquiera de ellas para mejorar la calidad general.

Sin embargo, a menudo dan preferencia a Six Sigma pues creen que Six Sigma es más que sólo un programa de mejora de proceso y se basa en conceptos que se enfocan en las mejoras de calidad continuas.

Tienen la opinión de que los conceptos de Six Sigma combinan herramientas de medida estadística con técnicas de gestión contemporánea para lograr resultados extraordinarios.

EL USO LIMITADO DE SIX SIGMA

Six Sigma ganó prominencia como una técnica de mejora de calidad luego de que fue exitosamente implementado en Motorola.

Desde entonces, muchas grandes organizaciones han implementado programas Six Sigma y han mejorado la calidad de los bienes manufacturados o servicios proporcionados.

Sin embargo, el potencial total de Six Sigma no ha sido entendido hasta ahora debido a que muchas empresas competentes de nivel pequeño a mediano aún no han implementado programas Six Sigma.

Esas empresas tienen todos los recursos para implementar tales programas, pero a menudo son cuidadosas con la certificación final, pues creen que sólo está dirigida a organizaciones grandes.

Estas compañías a menudo no entienden que Six Sigma entrega los mismos beneficios tanto a empresas grandes como a empresas pequeñas. La única diferencia puede estar en el volumen de bienes manufacturados o servicios proporcionados.

EL FUTURO DE SIX SIGMA

Six Sigma puede parecer similar a otras herramientas de gestión de calidad tales como TQM o Kaizen Events, pero en realidad, es bastante diferente. Otros programas de gestión de calidad a menudo llegan a una etapa después de la cual no se pueden hacer más mejoras de calidad.

Six Sigma, por otro lado, es diferente, puesto que se enfoca en tomar los procesos de mejora de calidad al siguiente nivel. Esto significa que

Six Sigma tiene el potencial de sobrepasar a otros programas de gestión de calidad en el futuro.

El alcance de Six Sigma también es mucho más amplio que el de otros programas de gestión de calidad, puesto que puede aplicarse a todo proceso empresarial de una organización.

El futuro es brillante para los programas Six Sigma con la creciente consciencia en empresas pequeñas y medianas acerca de los beneficios potenciales que pueden derivarse de implementar tales programas.

CONCLUSIÓN

La implementación exitosa de Six Sigma trae una oportunidad a la cultura organizacional, compromisos y procesos.

Cuando tu organización acepta Six Sigma, significa que acepta un cambio para lo mejor. Para que Six Sigma tenga éxito en cualquier organización, no debes aceptar que debe haber cambios al sistema existente.

Los cambios pueden ser principalmente en procesos fijados, o en la manera en que ciertas cosas son gestionadas. Estos cambios en su mayoría enfrentarán mucha resistencia, puesto que significa que todos se salen de la zona de confort en la cual las personas se han instalado.

Aceptar la cultura Six Sigma es aceptar cambios en la manera en que se hacen las cosas y la manera en que son vistas en todo nivel. El liderazgo y la gerencia de la compañía tienen que estar igualmente comprometidas con tales iniciativas.

Tienen que liderar desde el frente; y a menos que acepten la metodología, difícilmente encontrarán fácil traer tales iniciativas de cambio a la compañía.

Los Cinturones Negros tienen que esforzarse mucho para traer esos cambios. Cuando las victorias constantes prueban la capacidad de Six Sigma de mejorar la organización, sólo entonces el cambio es aceptado en la organización.

Six Sigma requiere a personas dedicadas para trabajar en varios proyectos de mejora. No puede haber un manejo a tiempo parcial de tales programas. Los Cinturones Negros trabajando no pueden trabajar en otras actividades organizacionales regulares, puesto que tienen que trabajar en el proyecto durante todo el día.

A menos que los miembros del equipo emprendan esfuerzos continuos, los programas Six Sigma no pueden funcionar por mucho. La disponibilidad de financiamiento también es crucial para el éxito de Six Sigma en la organización.

Si la gerencia superior no está totalmente convencida, no financiarán libremente el esfuerzo, lo cual sólo reducirá a Six Sigma a un ejercicio patético. Para que una iniciativa sea convincente para todos los miembros del personal, la directiva de la compañía tiene que estar convencida de que tal iniciativa será rentable para su compañía.

La gerencia superior tiene que poner en su lugar varias actividades e incentivos para asegurar que los empleados permanezcan comprometidos en los proyectos. Colocar recompensas o incentivos en su lugar para su participación y contribuciones para tales iniciativas puede ser una opción atractiva,

Six Sigma requiere que expertos Six Sigma y otros usen herramientas y técnicas reconocidas, y la organización debe tener la habilidad de usar tales herramientas y técnicas para adaptarse a la organización.

Deberían ser capaces de adaptar varias herramientas y técnicas Six Sigma a sus necesidades específicas.

Tener una actitud empresarial para traer cambios adecuados beneficiosos para la organización es crítico para emprender una iniciativa Six Sigma exitosa,

Los objetivos del entrenamiento, los requerimientos del entrenamiento, el criterio para entrenar a los participantes, el formato para entrenar y las ayudas de entrenamiento son todas las opciones que requieren consideración.

Esto ayuda a reducir la resistencia al cambio. Es igualmente importante comunicarse acerca de las iniciativas Six Sigma con los empleados.

Con todos estos factores en su lugar en tu compañía, y con disposición para llevar adelante el programa, tu organización puede implementar Six Sigma exitosamente.

Made in the USA
Columbia, SC
02 April 2025